我的第一本

科学漫画书

儿童百问百答 33

图书在版编目（CIP）数据

奇特料理 /（韩）安光玄著；王雨婷译 .
-- 南昌：二十一世纪出版社集团，2015.1（2018.8 重印）
（我的第一本科学漫画书·儿童百问百答）
ISBN 978-7-5568-0298-2-01

Ⅰ.①奇… Ⅱ.①安… ②王… Ⅲ.①饮食 - 文化 - 世界 - 少儿读物
Ⅳ.① TS971-49

中国版本图书馆 CIP 数据核字 (2014) 第 255483 号

我的第一本科学漫画书
儿童百问百答·奇特料理 [韩]安光玄/文图 王雨婷/译

责任编辑 屈报春
美术编辑 陈思达
出版发行 二十一世纪出版社集团
（江西省南昌市子安路 75 号 330009）
www.21cccc.com cc21@163.com
出 版 人 张秋林
承 印 南昌市印刷十二厂有限公司
开 本 720mm × 960mm 1/16
印 张 12.25
版 次 2015 年 1 月第 1 版
印 次 2018 年 8 月第 14 次印刷
书 号 ISBN 978-7-5568-0298-2-01
定 价 30.00 元

我的第一本科学漫画书

儿童百问百答 33

[韩] 安光玄 / 文图　王雨婷 / 译

审订员的话

每个国家的饮食因为各国的气候、土壤等自然环境或者是宗教等因素的不同而具有多样性。就像为了适应环境，我们会对建造泥土房、水上房屋等不一样的房子而感到新奇一样，用熊掌、蚊子眼睛，还有燕窝等奇特食材制作的食物也同样让我们觉得奇妙。带着好奇心去研究世界各国的奇特料理，我们可以发现饮食文化中蕴涵的科学智慧。

《儿童百问百答·奇特料理》是一本介绍各国奇特料理，讲解料理科学的趣味书籍。因为气候和环境的变化，我们从大自然中获取的食材也会有或多或少的变化。正因为如此，相关学者们一直在研究食品科学以及开发新的食物。

希望阅读了这本书的小朋友们能够发明出对身体有益的环保食品，成为优秀的科学家。

釜山大学 食品营养系 教授 朴建英

编辑部的话

科学是认知世界的工具，许多人类很久以前无法挑战的自然现象，到如今已经成为我们必备的基础常识，这就是科学发展的力量。如果没有历史上那些伟大的科学家们，恐怕今天的我们依然和原始人差不多过着原始生活吧。因为科学是随着好奇心从“为什么”这个问题开始的，所以如果我们对这个世界不存在好奇心，科学就无法取得突飞猛进的发展。

正所谓“知识决定感知，感知决定见识”，如果我们认真了解那些平日里被我们无心错过的东西，或许就会产生兴趣。

相比成年人，儿童的好奇心更重，因此更容易对某事感兴趣，但是一旦他们发现感兴趣的对象比想象中更难，立刻就会觉得索然无味。这本书正是针对儿童的这个特点，采取轻松有趣的阅读方式持续地吸引孩子们的兴趣。书中调皮可爱的小主人公们引发的件件趣事，让小朋友们在捧腹大笑的同时，不知不觉地掌握了丰富的科学常识，希望各位小朋友以这些常识为跳板，进入更广阔的科学世界。

小葡萄出版社 编辑部

1 新颖奇特的淘气料理

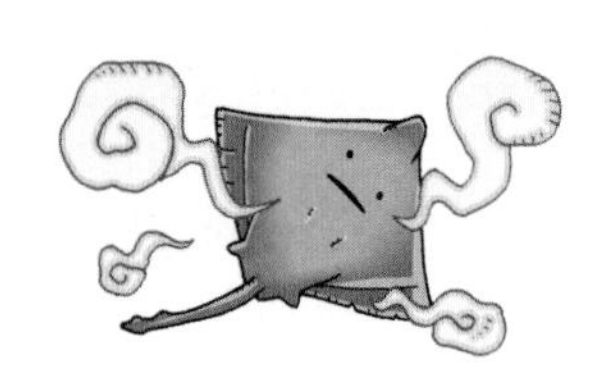

2 各式各样的料理科学

3 令人好奇的饮食常识

出场人物

姜坦坦

听说自己继《儿童百问百答·食品与营养》之后再次成为本书的淘气主人公，非常开心。对食物和料理的好奇心很强，经常做料理实验。可是因为自己做的菜不好吃，所以常常拿给别人吃。

喵喵

坦坦独一无二的好朋友。热爱美食，只要一听到有好吃的，即使在睡梦中也会立刻起来。所以她是坦坦料理的主要实验对象。

其他人物

金汤汤

金大叔

金包子

不要嚣张
snake

1 新颖奇特的淘气料理

有用鸟窝制成的奇特食物吗？

你要燕子
窝干吗?

啊！因为燕子窝太旧了所以想帮它换一个新的?
我居然不知道坦坦还有这么善良的心呢……

其实我只是想吃而已……
哐当

你干吗吃别人的窝啊?！
如果饿的话，吃你自己的家啊！

原来你不知道啊?
在中国有用燕子窝做汤，燕窝汤又称作“皇帝的食物”，是一道非常高档的菜肴呢。
皇帝的食物?

这道菜是中国清朝的乾隆皇帝和西太后都非常喜爱的食物。
皇帝喜欢吃这样的菜肴？当时就那么缺乏食物吗？

这个燕窝汤是用非常名贵的燕子窝制成的昂贵料理。
非常名贵？可是燕子窝很常见啊！

听你们说完后，发现你们真的很无知……都说了燕窝汤不是用普通的燕子窝制成的。
那么是什么？

燕窝汤是用一种叫作“金丝燕”的窝制成的汤。这种燕窝是金丝燕在海边的峭壁上用咀嚼过的海草或者是小鱼搭建而成的。

我也知道啊。可是那种燕窝很难买到，所以我就想用一般的燕窝来试试。
这样啊？那么我来帮你建一个燕子窝吧。

·皇帝的食物：燕窝·

金丝燕又称为“金光燕”。金丝燕在海岸边上的石缝或者是洞穴中涂上唾液之后，将海草或者是小鱼等黏在上面，搭建成家。这些海草、小鱼还有燕子的唾液紧密混合而成的窝就是制作燕窝汤的原材料。采集燕窝要冒很大风险，必须爬上悬崖峭壁，而且数量很少所以特别贵。

红鱼为什么要腌着吃？

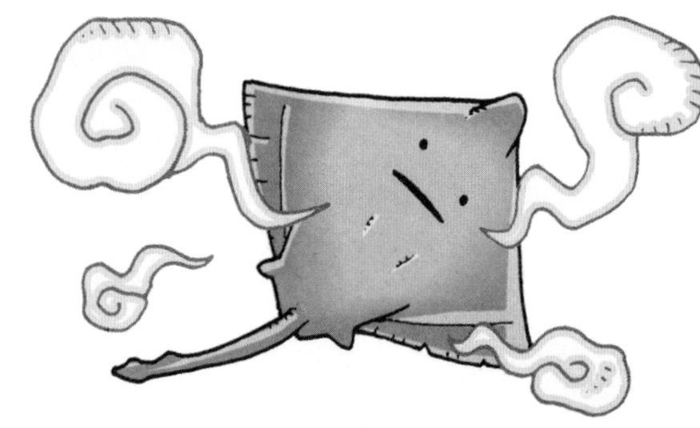

最近吃了好多美食，一下子长胖了好多。

咦？这个味道是什么？
哼！
哼！

美食的味道！

哈哈！是从坦坦家里冒出来的味道！
哒哒哒哒哒……

啦啦啦！到了愉快的吃饭时间！

啊！之前放在这儿的烤鱼呢？

喵喵，你！
不好意思，我闻到了美食的味道！

我只做了那一道菜……现在只能吃白米饭了。

十天后
啊！肚子好饿啊，要不去坦坦家瞧瞧吧？

今天也会有
美食吗……
呵
呵！

天哪，怎么
会有腌红鱼
的味道？

腌红鱼？
这是什么
话啊？
不要装作不知
道！你为了不让
我抢走你的食物，
特意给我准备了
腌红鱼吧！

红鱼在发酵的时候会产
生一种氨气，使得它具
有一种特别的气味和味
道。这样使食物发酵变
味的过程叫作腌。
因为味道很臭，所
以像我这样第一次
吃的人……不是，
猫，就受不了这样
的味道。

你是不想让我吃你的
东西，所以特意准备
了腌红鱼吧！
不是的……

那这股臭味
是什么？
这个……

·有刺激味道的腌红鱼·

由于以前的运输手段和交通不发达，所以从岛上捕捞的红鱼运输到市场上需要很长的时间。在运输的期间，红鱼通过自然发酵成为了腌红鱼。虽然腌红鱼有一股非常刺鼻的气味，但是腌制的红鱼降低了胆固醇含量，可以起到预防关节炎和骨质疏松的效果。

用熊的脚掌做料理？

都说熊掌
很美味？
啾！
啾！

我是制作奇特料理的厨师！料理王金汤汤！

今天去找找制作奇特料理的食材吧！
没有！
有！

你们干吗吵架？
我们在玩“熊掌鼠掌的游戏”，可是她说真的有这道菜，这不是开玩笑嘛。

真的有熊掌鼠掌这道菜呢。
什么？
看吧！我就说有！

据说孟子也很想尝尝熊掌料理呢。
孟子不是中国有名的哲学家吗？

那是以前，现在中国有规定，猎杀、食用国家保护野生动物都是违法的。

中国每个地区的料理都独具特色，主要可以分为北京菜、四川菜、上海菜和广东菜。
其中，广东菜非常有名，大家经常用“除了桌子之外四只脚会动的东西全都可以作为食材”这句话来形容广东菜。广东菜中最具代表性的料理就是熊掌料理。

熊在冬眠的时候会舔自己的脚掌，
所以中国人觉得熊通过脚掌汲取养分。

而且通常都是用熊的右脚掌作为食材，知道这是为什么吗？
不知道。

因为熊在喝蜂蜜的时候都是用右掌捞取蜂蜜的，所以大家都认为右掌更加美味。
就因为这个原因！

而且老鼠脚也可以炒着吃。不过用作料理的老鼠都是在木屑上专门饲养的干净食用鼠。
原来真的吃鼠掌啊！

脚掌就真的那么好吃吗？
我很好奇到底是什么味道。

·爱吃创意料理的周朝皇帝·

中国古代周朝皇帝曾经享用的八种珍馐（非常美味的食物）中其中有一种就是熊掌。这八种珍馐，如猴嘴，鹿脖筋，骆驼指甲等，全都是用动物的身体部位制成的。熊掌中要数右前掌最有药效，有利于强健脾胃，同时对强化骨骼和补充体力也有很好的疗效。

有用鱼制成的冰激凌吗？

好热啊！
这种天气应该去吃个冰激凌才对！

嗯！没有我要的冰激凌啊？
你想吃哪种冰激凌？

请给我用鱼制成的冰激凌。
你怎么想吃那么奇怪的东西啊？

听说泰国有用黑鱼制成的冰激凌呢。
而且据说味道和气味都没有腥味，我很好奇。

·与众不同的冰激凌·

在泰国，有一种冰激凌，是用一种叫作“snakehead fish”的黑鱼肉制成的。这种冰激凌中含有高达40%的黑鱼鱼肉，但是冰激凌本身完全没有鱼的腥味。据说日本也有用秋刀鱼、螃蟹、章鱼、虾等海鲜制成的冰激凌。

闻起来很臭的豆腐也可以吃？

不啊，因为他总是和我喜欢的女生一起玩，所以我想让他吃吃苦头。
什么啊！
哐当！

叮咚！
终于来了！让你尝尝清曲酱汤的味道！

你好！
来得正好。我为你准备了美食。
可怕的人……

呃！这是什么啊？气味太刺鼻了，我吃不下去！
怎么能说刺鼻呢！你这是在瞧不起我们国家的饮食文化吗？

这是我国的传统发酵食品清曲酱！
发酵食品？

对！我应该尊重别国的饮食文化！
就是。

所以我也带来了我们国家的发酵食物。
什么?
嗖

这叫作“臭豆腐”！
一股
臭味！
呃！什么啊，这么难闻的味道！这是已经坏了的豆腐嘛！

什么坏掉的豆腐啊！臭豆腐不仅在中国大陆，甚至连在中国台湾和香港等地区都是非常受欢迎的食物呢！
虽然蓝黑色的臭豆腐气味很不好闻，但是因为味道很独特，所以就连中国的皇帝们都非常爱吃呢！

你也吃吃看！瞧不起别国的食物是很没有礼貌的！
是吗，这样的话……

·很难闻的臭豆腐·

臭豆腐是中国的一种传统美食。白色的豆腐经过长时间的发酵之后，闻起来的气味像氨气。据说臭豆腐的气味越难闻，豆腐的品质越好。臭豆腐对于中国人来说，就像是韩国人对于清曲酱和日本人对于纳豆这类传统发酵食品一样，深受中国人喜爱。

蚊子眼睛汤中真的有蚊子的眼睛吗?

你们应该庆幸这里不是中国！
他居然在和蚊子对话。

可是这是什么声音?
原来你不知道啊?

据说在中国四川有蚊子眼睛汤呢！
这我知道啊。

这蚊子眼睛汤还是用来接待外国贵宾的最顶级菜肴呢。

蚊子们！我要把你们统统抓起来卖到中国去！
嗡！

要把做汤的材料全都找齐的话得找到什么时候啊?
是啊，而且把蚊子眼睛分离也不是件容易的事啊!

在中国，有一种特别的方法来收集蚊子眼睛呢。
怎么收集?

在四川地区的洞穴内，那里的蝙蝠主要以食用蚊子为生。因为蝙蝠消化不了蚊子眼睛，蚊子眼睛会随着粪便一起排出。所以只要收集了蝙蝠的粪便，就能收集到蚊子的眼睛。

呃!无论是多么高级的料理我也不吃。
呃!

这是以后的问题，我们还是先收集蚊子眼睛吧。
可是这么脏的活儿谁干啊……

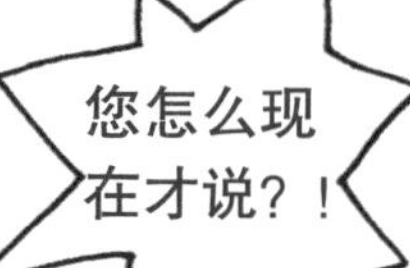

·蚊子眼睛汤·

中国料理因为燕窝、熊掌等各种珍馐而闻名。这其中，用蚊子眼睛熬的蚊子眼睛汤可以算是珍馐中的极品。直径不足1毫米的蚊子眼睛是通过蝙蝠的排泄物来采集的，一人份的蚊子眼睛汤大概需要8000～20000元人民币。

各国的怪异罐头食品有哪些？

所以我带来了我们国家的罐头食品。咻！
我也想尝尝美国菜！

你也尝尝？
哇！真好吃。这是什么？

这是熏制的响尾蛇肉罐头。
噗啊！

这个很贵的，你怎么能吐了呢？
呃！怎么能吃响尾蛇呢？
就是说啊！

要不你尝尝我们国家的蝎子罐头？
你怎么也一样？！
叮！

奇怪的罐头食品真多啊。
那是啊！据说全世界的罐头食品种类高达1200多种呢。

罐头可以长时间地保存水果、鱼贝类、蔬菜、肉类等食品。
因为可以保存各类食品，所以市场上有人们需要的各种罐头食品。

这其中有很多特别新奇的罐头食品。
据说泰国有咖喱鳄鱼、青蛙、蝎子罐头，而芬兰有驯鹿、蜘蛛罐头。
croco

呃！有人吃这些奇怪的东西吗?
在我们看来可能很奇怪，但是这些食品在别的国家还是特色呢。

我绝对不会吃这些奇怪的东西。我还是吃我自己带过来的罐头吧。
什么罐头?

·世界上各类奇异罐头食品·

罐头食品是密封包装的，经过加热杀菌后在常温下能较长时间保存的加工食品。英国一家报社此前的一篇关于世界十种特色罐头食品的报道吸引了广大读者的注意。报道介绍的罐头食物，大部分是像熏制响尾蛇、驯鹿肉、鳄鱼肉、炸蟋蟀、烤蝎子等这类我们日常生活中很难见到的食物。

有用小便制成的饮料吗？

·用牛尿制成的饮料和药丸·

据说在印度有用牛尿制成的饮料。一瓶饮料中含有5～6毫升牛尿，而且价格十分昂贵。还有在牛尿中添加香草制成的“牛尿丸”。如果一天服用两粒“牛尿丸”，对心脏病、高血压以及精神病都有很好的疗效。

9 Quiz

世界上最臭的食物是什么？

我们今天只为您准备了各种恶臭难闻的食品，您没问题吧？
当然啦。

我先戴上口罩。
到底是什么东西需要戴口罩……

这是法国的“阿维尼斯”芝士，由于气味太难闻，据说连老鼠都不吃呢。
这东西谁会吃啊？！

您现在是在发脾气吗？
不是！

这个我经常吃。
那么，请您享用……
呃！

下面还有更
厉害的!
什……
什么?

您现在是在
发脾气吗?
哪……
哪有……

等等！这个也需
要做好彻底的防
护措施后再打开。
因为这是世界
上最臭的鲱鱼
罐头。
到底是有多
难闻……
嗖!

这是用芬兰波罗的海中
的鲱鱼腌制而成的，这
种鱼的气味比韩国红鱼
的气味还要难闻。
什么？比
红鱼还要
难闻?

您该不会是吃
不了吧?
什……什么
话！这个我
也是天天吃。

·最难闻的味道，酸臭的鲱鱼·

瑞典的“Surstromming”是用鲱鱼发酵而成。“Surstromming”在瑞典语中是**“酸臭的鲱鱼”**的意思。“Surstromming”罐头因为发酵而产生的强烈气味，使得大家一般在室外食用。据测定，“Surstromming”的臭味指数高达10000ppb以上（ppb，气体的浓度单位），比红鱼5800ppb的臭味指数还要高两倍多呢。

用猫屎制成的咖啡到底有多贵?

我只告诉你一个人哦。据说猫咪食用咖啡果实后排出的猫屎中会有咖啡豆。
据说那种咖啡豆非常昂贵。这个就是吃咖啡果实的猫咪的猫屎呢。
我还以为是什么呢……

这一般的猫可不行呢。
什么?

据说麝香猫有一种能力，它能挑选到成熟的咖啡果实。
坚硬的咖啡豆因为不能被消化，所以被原封不动地排出体外。

也就是说，只有麝香猫猫屎中的咖啡豆才昂贵。

而这种咖啡豆则是世界上最美味的咖啡“Luwak”咖啡的原材料。
这和蚊子眼睛一样啊。好恶心。

咖啡豆会经过多次的清洗和加工，所以不脏。

咖啡豆在麝香猫的体内经过消化后形成了一种独特的香气和味道，这种香气和味道深受人们的喜爱。
Luwak Coffe
ARABICA
因为收集麝香猫屎极为不易，所以猫屎咖啡的产量不高，价格也就十分昂贵。

原来不是所有的猫屎都很贵啊。
就是说啊。

你到底是在哪找到的猫屎啊？好脏！
这个！

·世界上最昂贵的咖啡豆·

Luwak咖啡的正式名称为"Kopi Luwak"。"Kopi"在印度尼西亚语中是咖啡的意思,而"Luwak"则代表马来麝香猫。麝香猫在食用了咖啡果实之后,会将无法消化的**咖啡豆**排泄出来,用这种咖啡豆制成的Luwak咖啡是世界上最昂贵的咖啡。

昆虫是营养丰富的食材？

肚子好饿啊，没有力气了，我再也走不动了！
完蛋了……周围没有吃的呢。
啪嗒！

怎么会没有吃的?
大叔您是谁?！
嗒！

我是出演纪录片《在自然中生存》的冒险家。
我有看过那个节目。您现在也是在冒险中吗?

这个……我按错了飞机的“紧急降落”按钮！
什么嘛！和我们一样啊！
咚！

给，没有力气的话就吃这个吧。
这是什么?
嗖！

你好，
我是昆虫。
啊！这不是
虫子吗？！

怎么能吃
昆虫呢？
有100多个
国家的人都
吃昆虫呢。

那么多国
家的人都
吃昆虫？
当然！昆虫因为其丰富
的蛋白质，是很好的食
材。此外，昆虫比牛肉、
猪肉含有更多的不饱和
脂肪。

还有研究指出，
比起牛等家畜，
昆虫身上还含有
亲环境蛋白质。
所以要吃
昆虫吗？

哈哈哈！你不知
道，其实味道还
不错呢。
我肯定
吃不下
去……

·亲环境蛋白质——昆虫·

昆虫身上含有丰富的**蛋白质**，营养价值高，同时也非常美味。因为**昆虫**所含胆固醇低，比牛肉、猪肉含有更多的不饱和脂肪，对身体很有好处。目前，因为气候变化和粮食危机等原因，昆虫正逐渐成为未来的蛋白质供给源和亲环境食材，受到广泛关注。

各国的奇特昆虫料理有哪些？

在法国，所谓的“escargot”蜗牛料理是用一种叫作“helix pomatia”的食用蜗牛制成的。
据说这道菜从古罗马时代开始就深受美食家的喜爱。

吃了昆虫还不够，还要来吃蜗牛！
你没有读过《儿童百问百答·昆虫》吗？像蜗牛、蚯蚓之类小动物也属于昆虫。

而且昆虫料理的历史多久远啊！
什么？昆虫料理的历史？

昆虫作为食材的历史其实比我们想象的要久远。在食物匮乏的部分国家，昆虫还作为代替粮食的资源被人们食用呢。
你们在吃什么？
这个风俗一直保留下来，现在还有很多国家将昆虫作为零食或者是健康食品呢。
就算只有这个也要吃吃看。
好吃！

在有着“料理天堂”和“食材天堂”之称的中国，早在3000年以前就有曾用蚂蚁入菜的记录。
现在在中国，仍有100多种昆虫被入汤或者油炸食用。
哇！居然有这么多！

在喜欢吃知了的墨西哥，大约有60多种的昆虫被制成罐头制品、饼干、巧克力等食品，远销欧美！

此外，在日本，还有一位厨师用食用昆虫制成了昆虫寿司。

但并不是所有的昆虫都能够食用。能够食用的昆虫大约只有1700多种。

是吗？我知道韩国用昆虫做菜的地方。
韩国也有那种地方？

·用昆虫制成的零食·

经常食用**昆虫**的有中国、日本、南非共和国和墨西哥等国家。在日本，有咖喱蚕蛹、辣酱知了沙拉、马蜂幼虫料理等菜肴；在英国，有加入胡椒味的东南亚蚂蚁棒棒糖和烤柬埔寨狼蛛等昆虫料理。

有用毒蝎子制作的糖果吗？

看看这！在国外生活的朋友居然给我寄来了里面有蝎子的糖果！
很有趣的糖啊。

蝎子不是有毒针吗？！
这哪里有趣了？！

我以前在电视上看到过，据说在中国，蝎子还被当成零食在市场上贩卖呢。
嗬！把蝎子当零食？

中国南方有些地方还用蝎子煮汤，或者将蝎子油炸之后串成串儿在街上贩卖呢。

蝎子有毒针啊，真的可以吃吗?
据说蝎子的毒性非常强呢……
啧啧

全世界总共有 1000
多种蝎子。
但这其中有致命
毒性的蝎子只有
25 种左右。

就说有毒了吧。
人吃了不会中
毒吗?
这我就不
知道了。

但是据说蝎子死后，
它身上的毒性也会
渐渐消失。

所以用死蝎子做
的糖果或者是巧
克力，
在欧美非常
受欢迎。

啊！原来是这
样。但是我还
是不想吃。你
拿去吃吧。

·妙趣横生的昆虫糖果·

蝎子主要生活在热带或亚热带的沙漠和湿地中。美国一家公司因其制作的蝎子糖果、蝎子巧克力而闻名。此外，这家公司还制作了幼虫和蛆等昆虫糖果，现在仍然受到广大消费者的欢迎。

世界上的奇特料理

世界上许多国家在食用我们意想不到的奇特料理。下面我们来看看，到底有哪些让我们惊讶的料理。

俄罗斯

腌猪油

一种从猪油中提炼的，类似于麦淇淋和黄油的油脂类（脂肪、油的统称）食品。虽然我们觉得很油腻，但是在俄罗斯人眼里是一种健康食品。

好香啊！

呃！好恶心！

瑞典

鲱鱼罐头

世界上最臭的鲱鱼罐头是用芬兰波罗的海中的鲱鱼发酵而成的。制作过程是将用盐腌过的鲱鱼放置在温暖的地方使其发酵两个月。“Surstromming”在瑞典语中是“酸臭的鲱鱼”的意思。即使在瑞典，人们也不经常食用这种鲱鱼罐头。

法国

蜗牛料理

用可食用蜗牛制成的蜗牛料理是法国的代表性菜肴。可食用蜗牛的长相和海螺相似。

柬埔寨

炸蜘蛛

据说在柬埔寨的一个名叫斯昆的小镇上，人们将手掌大的蜘蛛炸着吃。将蜘蛛炸至酥脆后在街边贩卖，当地人们就像喜爱吃炸虾、炸螃蟹一样爱吃炸蜘蛛。

俄罗斯

瑞典

法国

中国

臭豆腐

臭豆腐是中国人非常喜爱的发酵食品。豆腐在长时间发酵之后所释放的氨气味非常的刺鼻。

熊掌料理

熊掌料理算是中国料理中的高级料理。这道菜不仅美味，而且原材料也非常的珍贵。动物保护者们反对人们食用熊掌。

昆虫料理

在中国，有炸蝎子、炒蚂蚁、龙虱汤、蚯蚓炒蔬菜等多种昆虫料理。

日本

金枪鱼眼料理

日本人单独用金枪鱼眼睛制作料理。金枪鱼眼是非常昂贵的食材。只有高级的日食店才会制作金枪鱼眼料理给特别的客人，属珍稀料理。

越南

田鼠料理

在越南，人们会将抓到的田鼠作为食材贩卖。越南每天大约会卖出3吨左右的田鼠，其中肥硕而且毛发呈褐色的田鼠价格最为昂贵。

墨西哥

炸蚱蜢

墨西哥和韩国都有炸蚱蜢这道菜。据说当地人民会将蚱蜢炸至酥脆后撒上辣椒末、盐和柠檬汁食用。

2 各式各样的料理科学

1 Quiz

可以用纸锅煮面吗？

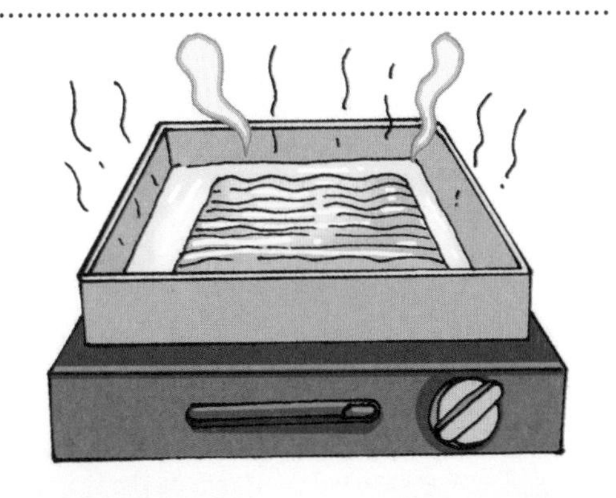

没有锅还怎么煮面啊？
就这样直接吃不行吗？
泡面

不要！我想吃弹牙的面条和热腾腾的汤！
啊，软弹。
真是挑剔……

你就算再想吃泡面，也不能……
啊！要不我们用这个牛奶盒做纸锅来煮面吧？

牛奶盒一放到火上就烧着了，还等你煮泡面？

盛了水的纸锅是不会烧着的。
所以说你现在和我比还差一截。
什么？！

＊沸点：液体开始沸腾时的温度。

·用纸锅煮面的方法·

在煤气灶上放一个厚的纸箱，里面倒入大约500毫升的水之后将煤气灶点着，待水渐渐沸腾。如果想让水更快沸腾，则还需要准备一个盖子。盖子可以使热空气不外漏，冷空气不内流，从而使热损耗降低。水烧开以后将面饼和调料包放入待面条煮熟即可。

2 Quiz

玉米粒儿怎样才能变成爆米花？

因为玉米在成为爆米花的时候会“砰”的一下爆炸，爆米花会蹦到锅外来。
砰！

好神奇啊！“砰”的一声就会变成爆米花……
坚硬的玉米粒是怎么样变得像雪花一样柔软呢?

虽然玉米粒的外表看起来是干的，但其实它的里面还含有水分。
水分
原来只有外壳被晒干了啊。

哈哈！这都是因为热量。
热量?

当玉米粒中的水分变成水蒸气之后，玉米粒的体积就会变大。
水分
气体
加热

因为涨大的体积使得玉米粒表皮里面的压力增大，随着“砰”的一声爆炸，就变成柔软的爆米花了。
啪！
嗒！
水分
水分

哦！炒玉米和炒米也是用一样的原理制成的。
是的。

那么这个也会变大吧?
这是什么?

*打刀花：将原材料表面划出刀痕。

·在家制作爆米花·

准备好爆米花用干玉米、黄油和煎锅。煎锅烧热之后将黄油融化放入玉米。盖上锅盖大约3～4分钟后，爆米花就制成了。即使是外表看起来很干燥的玉米其实里面还是有一定的水分，水分会随着受热而变成水蒸气，从而使内部体积和压力变大，于是玉米粒就会爆炸变成爆米花。

为什么要焖饭?

吱!

哎，好饿啊!

快点拿饭来!
我是你妈妈吗?你干吗到我家找饭吃?
哐

这里比我家更近啊。快点给我饭!好饿啊!
难道你有存饭在这里吗?
虽然我现在正在做早饭……
咕噜噜
吱!

哇！冒烟了！可是为什么高压锅是一次性冒烟的呢？
这不是烟是水蒸气。
吱！

高压锅是一种不让水蒸气流失的加压锅。高压锅大致分为两类，一类是底部加热锅，还有一类是整锅平均受热。
加热板
间接加热方式
直接加热方式

锅内的压力升高使得沸点升高，其产生的热量使得米饭能够更加快速的煮熟。
吱！吱！
吱！吱！
米饭煮透之后，就应该将里面被困住的水蒸气排出了。

总之饭已经好了，我们赶紧吃吧。
现在还不行，还得焖一下。

焖？饭都熟了干吗还要焖？
饭熟了之后，焖饭这个步骤是十分重要的。

是不是觉得饭粒比米粒更大更黏？这是因为米的主要成分——淀粉受热后体积增大，黏性变强。
哇！变大了！

这个现象叫作“淀粉的糊化”。如果淀粉糊化得不彻底，那么饭粒就会变得坚硬而且半生不熟。但是如果长时间的加热饭又会烧焦。
所以在饭熟了之后关火，然后等淀粉完全糊化的过程就叫作“焖饭”。
焖饭中！

但你这会不会焖太久了啊？
等一下！

我……我刚刚才想起来。
什么？快说。

这……这个。
到底是什么啊，这么支支吾吾的？

·让饭美味的秘诀·

想要做出又黏又美味的米饭，秘诀就在于压力和水的沸点。按照我们平时的气压为1个气压计算，这时的水需要烧到100℃才能够沸腾。但是按照高压锅内1.2个气压计算，这时水沸腾需要达到120℃，所以米饭能够更快更好地煮熟。用铁制成的铁锅也是用相同的原理将饭煮熟的。

为什么鸡蛋不会被踩碎？

在鸡蛋上
走路！
哇！
哇！

嘁，这有什么
好新奇的。
什么？
摇晃

在容易碎的鸡
蛋上行走是一件
多么困难的事啊！
你说鸡蛋容
易碎？才不
是呢。

谁说不是？看！
明明很容易碎。
你使劲敲打或
按压中部当然
容易碎。
吧
唧

但是像这样拱形
竖立着的鸡蛋是
不容易碎的。

拱形支撑重量的支点会延伸，所以拱形受到的力能够分散。
力！
力！
力！
所以沉甸甸的母鸡能够坐在上面孵蛋。

在堆砖头的时候，如果将砖头堆成拱形的话，受力会分散，不容易倒塌。从很久以前开始，无论是东方还是西方，在用较重的材料搭造建筑时，经常会使用拱形的造型。

所以说大叔能够在鸡蛋上行走也不是件稀奇的事。
什么？！

哼！我是经过长时间的训练才领悟到了在鸡蛋上行走的能力。
而且这个是特别的鸡蛋！

·鸡蛋坚硬的秘密·

拱形物体的受力是随着曲线而分散的。而**鸡蛋**也属于拱形物体，所以即使是有沉甸甸的老母鸡坐在上面也不会碎。所以即使人们在鸡蛋板上行走，鸡蛋也不容易碎。拱形虽然顶端所受的压力很大，但是内部所产生的推力却很小，所以小鸡能够破壳而出。

锅为什么是圆形的？

喵喵啊，世界上有四角或者是三角形的锅吗？
没有。

为什么？锅的形状不是越多越好吗？
锅做成圆形是有一定道理的。

如果锅做成四角的话，那么四角的部分会很难受热。
而且因为瓦斯炉的燃火盖也是圆形的，在加热其他形状的锅时，难以全面加热导致热量无法平均传播。

哦！原来如此。那你应该早点告诉我啊。
怎么了？

因为我不喜欢圆形的锅，所以我把它们改造了一下。
你怎么能把好好的锅改成这样？！

刚刚被妈妈用锅角拍了一下，好痛啊！
真是活该，活该！
·铁锅VS砂锅·
用什么样的锅煮食物会影响到烹饪时间。因为金属锅的传热速度快所以能够快速煮熟食材，但是同时食物也冷得快。相反，砂锅虽然无法快速传热，料理时间比铁锅长，但是保温性能却很好。所以，像泡菜汤这类无需煮很长时间的菜就用铁锅煮，而像骨头汤这类需要慢炖的汤则用砂锅炖。

饼干为什么能够酥脆？

我们做点饼干
来卖吧?
好主意!

你问我饼干的
制作方法?
好！我来
告诉你。
奇特料理研究所

首先将黄油和砂糖放
入搅拌盆中混合，放
入鸡蛋，充分搅拌至
泥状，然后再放入面
粉搅拌均匀。
哦！原来还
要放黄油啊。
黄油

黄油是用牛
奶的乳脂肪
制成的。
那么饼干里面也
可以不放黄油放
牛奶咯?

如果放牛奶的话，
面团会变稀。只有
放入黄油，饼干才
会变得酥脆。

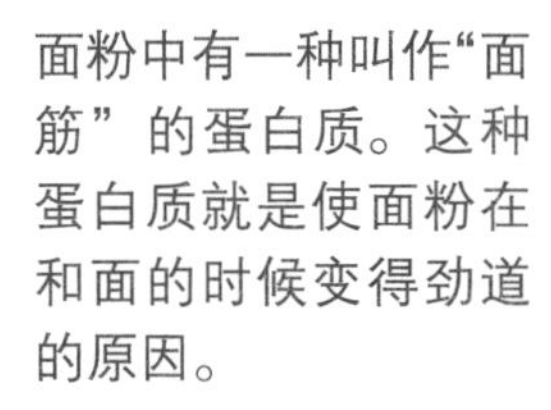

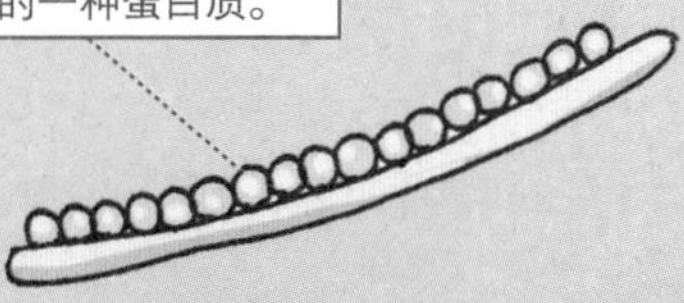
面粉中有一种叫作“面筋”的蛋白质。这种蛋白质就是使面粉在和面的时候变得劲道的原因。
面筋：大麦，小麦等谷物中所含的一种蛋白质。
将面粉和入水中，会有一种光滑的感觉，导致这种感觉的物质就是面筋。

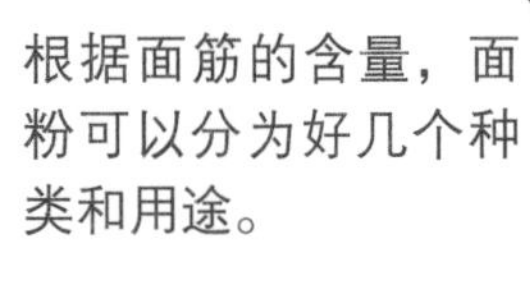

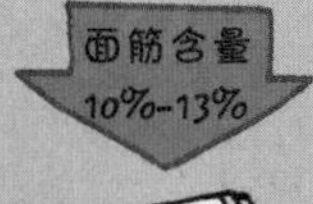

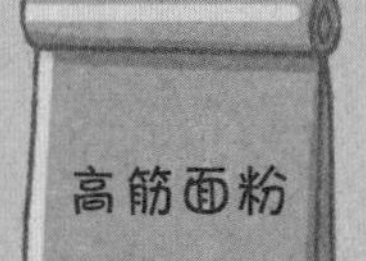

根据面筋的含量，面粉可以分为好几个种类和用途。
低筋面粉
中筋面粉
高筋面粉
面筋含量 10% 以下
面筋含量 10%-13%
面筋含量 13% 以上
饼干类
面条类
面包类

然而，如果饼干想要做得酥脆，面筋含量必须低。黄油的作用就是为了防止面筋的形成，同时使面团变得柔软。
然后我们再将和好的面团、泡打粉以及盐一起放到搅拌盆里用勺子拌匀。
黄油

好了！现在我们来捏个形状吧?
要捏成什么样的形状呢?

·高筋VS低筋·

高筋和低筋的区别可以通过实验来了解。

实验方法：准备高筋面粉和低筋面粉各一份。将这两种面粉分别放入水中，试着抓扯面粉。

实验结果：两盆清水均会变得浑浊。高筋面粉会像橡胶一样难以扯断。而低筋面粉则会淅淅沥沥地落下。

为什么久置的泡菜会变酸?

泡面和泡菜果然是绝配。
刚刚还在找红烧排骨呢……

呃，好酸！泡菜怎么这么酸啊？

我吃不了酸泡菜！
蹭饭的人还这么挑剔……

可是为什么泡菜放久了会变酸呢？

因为制作泡菜的原材料，白菜、萝卜、辣椒等都是有利于乳酸菌存活的食物。
这里面也有乳酸菌啊。
酸奶

嗯。乳酸菌增多时发酵速度会加快，然后就会产生带酸味的乳酸。
乳酸菌

乳酸能够抑制肠道内的不良细菌，保持肠道健康。
接触到我们的话，泡菜会很快变酸。
如果将泡菜久置于温度高的地方，泡菜会很快变酸。
氧气

你明知道这些还把泡菜放在外面?
不是啦，我把泡菜放在冰箱里的啦。泡菜需要低温保存。

在冰箱还没被发明之前，人们将泡菜放在坛子里，保存于地下。

反正这个泡菜应该是放在外面很长时间了。
这倒不是……

·保存美味的泡菜·

泡菜久置在温暖的地方容易变酸或者是变质。这是因为泡菜中的乳酸菌数量减少，好氧细菌（喜欢空气的细菌）增多，导致食物变质。泡菜要想做得好吃，必须在 -1 ℃到 5℃之间隔绝空气保存。

面团为什么会膨胀?

变大了!

面包房

我的名字是金包子。
我会成为最好的面包师!
唧

可是面包应该怎么做呢?
还说要成为最好的面包师呢，连这个都不知道?
雀跃

应该把面团放进烤箱就行了吧!

咦？好奇怪……
为什么我的面包
这么小？
这么干涩？

包子你这小子
还差远了呢！
啊！
师傅！

其他的面包
都是又松又
软的……

师傅！请您告诉
我让面包变松软
的方法。
秘诀在于
这个粉。
跪
倒

果然还是有加神
秘粉末啊！
这不是什么
神秘粉末，
这个叫作
“泡打粉”。

泡打粉的主要成分是碳酸氢钠，在有水分的情况下，受热容易产生一种叫作二氧化碳的气体。

因为二氧化碳产生的气泡能够使得面团的体积变大。
二氧化碳

变大的面团也会随之变软。
泡打粉
哇！

和泡打粉有相同作用的另外一种材料是苏打粉。
虽然苏打粉是由100%的碳酸氢钠制成的，但是在制作面包的时候还是泡打粉更加有效。

有了神秘粉末，我就能成为面包王了。
都说了不神秘，只是你不知道罢了。

·用处多多的泡打粉·

在**泡打粉**发明之前，人们在面团里添加苏打粉。但苏打粉容易使面包味道发苦，内部变黄。此外，在清洗水果和打扫浴室时，使用泡打粉可以轻松去除污垢。

可以通过三明治来了解地表结构吗？

来，现在让
我来吃吃你
的便当。
厚脸皮的
家伙！

看！特制
三明治！
哇！
好大！
嗖

可是为什么样
子这么歪歪扭
扭的？
可能因为是我
把它放在包里
晃动了吧。

这个好像地表
的横截面啊。
你是说地表的
沉积岩吗？

对。地表在经历侵蚀、
搬运、沉积、风化等
过程中不断地变化。
一边制作三明治
就能一边了解地
表形成的过程。

三明治的样子和地表结构很相似吧?
真的!

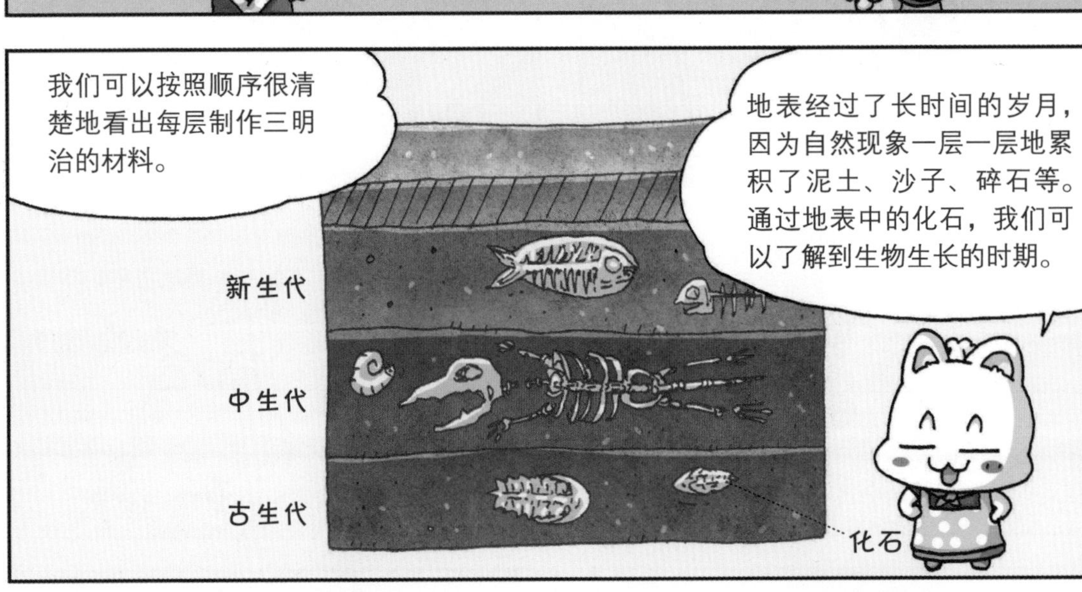
我们可以按照顺序很清楚地看出每层制作三明治的材料。
地表经过了长时间的岁月，因为自然现象一层一层地累积了泥土、沙子、碎石等。通过地表中的化石，我们可以了解到生物生长的时期。
新生代
中生代
古生代
化石

所以通过研究地表层，我们还能知道地表的年龄。
还能通过三明治来了解地表，真有趣。

可是这个三明治真的和地表好像啊?
怎么说?

·形成地表的四兄弟·

侵蚀：由于雨水、江河的流动、风等影响使得地表磨损，形成碎石、细沙、泥土等。

搬运：地表被磨损的碎片随着风和江河的流动而流动。

沉积：被搬运的碎石和石头在一处沉淀堆积。

风化：岩石因为空气、微生物、风等自然环境的影响而破碎。

10 Quiz

如何挑选优质水果？

肚子好饿，
有没有什么
吃的吗?
你们先吃点
水果吧!

呃，你让我
们吃这个?
怎么了?很
奇怪?

水果都烂了啊!
这怎么
吃啊?
我还很用心地
挑选呢……

如何挑选美味
的水果呢?

苹果就要挑红润而且
蒂是绿色的。西瓜就
要挑纹路清晰的，而
且在敲打的时候最好
有脆响。
金黄色而且有一点
褐色点点的香蕉才
是熟了的香蕉。

* 氧化：物质接触到氧气之后，本来的性质被消除。

·挑选优质食品的方法·

土豆：坚硬且圆润，没有瑕疵、没有发芽的土豆最好。

白菜：叶子厚而坚硬，内在呈黄色的最好。

菠菜：叶子宽大，根茎发达且呈淡粉紫色的最好。

萝卜：个体大小均匀呈白色，而且带有新鲜芜菁（萝卜的叶子和茎）的最好。

黄瓜：直且生脆的最好，带蒂的黄瓜比较新鲜。

披萨中的芝士为什么能拉丝？

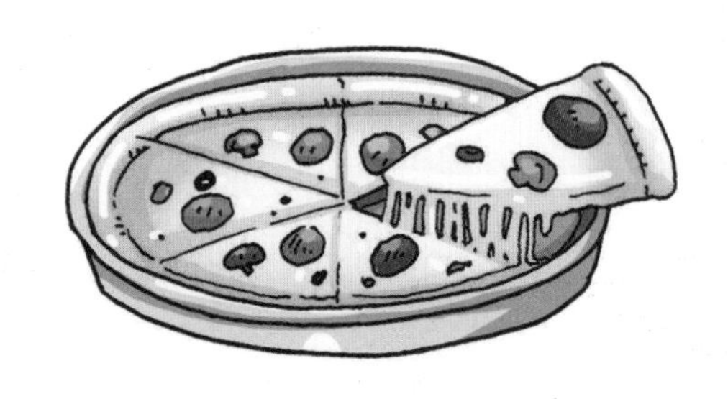

·受热之后体积发生变化的东西·

在我们周围，有很多东西像披萨中的芝士一样，受热之后会发生变化。电线也会因为季节和温度的变化而变化。寒冷的冬天还紧绷绷的电线，到了夏天会因为气温高而变长。运行火车的铁轨到了夏季也会变长变弯，这就是为什么铁轨需要定期检修的原因。

泡面中蕴藏着多种科学吗？

因为铜锅能够更快导热，让面条均匀受热。
我来让你均匀地受热！

那么水烧开之后，是应该先放面饼还是先放调料包呢？
这个无所谓吧？

要是了解沸点的话，就会先放调料包。
为什么？

如果先放面饼的话，面饼会吸收水的热量，让水的温度降低。但如果先放调料包的话，则会使水的沸点增高。
因为比起单纯的水，加入了其他混合物的水沸点更高。
咕嘟！
咕嘟！

现在要放入面饼了。
圆形的面饼和方形的面饼有什么区别啊?

原来的面饼是方形的，但是现在为了配合圆形的锅，出现了圆形的面饼。
哦，所以现在也有圆形的面饼啊。

那你知道为什么面饼要做成弯弯曲曲的样子吗?
嗖
当然！我不是出演了《儿童百问百答·食品与营养》分册嘛。
儿童百问百答
作者
请多多阅读哦!

面饼弯弯曲曲的能够防止水分快速流失。而且因为曲线比直线的弹力更强，所以弯弯曲曲的面条更筋道。
此外，一个小小的包装袋里更够装下更多弯曲的面条，可谓是一石三鸟啊。
呼噜噜
真聪明!

我还知道一个关于泡面的事，明天再告诉你。
是什么?

·韩国国民食品——泡面·

据说韩国人一年大约会吃掉34亿包泡面。虽然这个数量只排在全球第五，但是如果要算人均量的话，那韩国绝对是遥遥领先。假设一包泡面的平均面条总长为50～60米，那么韩国人一年吃掉的泡面总长有1亿7500千米，是地球到月亮的距离（大约384000千米）的数百倍。

寿司为什么要搭配芥末？

今天给你们做你们想吃的海鲜料理。
我想吃寿司！

寿司？我不喜欢吃。我们还是吃烤鱼吧。
寿司多好吃啊。

给，蜡烛饭。你吃吃看啊！
这不是蜡烛和饭放在一起吗？
太坏了！太坏了！因为不是自己喜欢吃的东西，居然用这招！

寿司(也称醋饭)是加入了食醋的饭!
饭里面为什么要加入醋?

在没有冰箱的年代，古时候的日本人
在饭里面加入食醋，为了防止食物快速变质。

可是为什么日本人要将米饭和生鱼片放在一起吃呢?
这是因为……

日本是一个四面环海的岛国，海产品丰富。
而且日本人不喜欢加工过的，而是喜欢吃新鲜的海鲜。

寿司原本是将用盐腌过的鱼放在饭上一起腌过之后食用的。

如今，为了省去烦琐的过程，一般直接在加了醋的米饭上放一块薄薄的生鱼片食用。
现在，人们不只将海鲜，还将各种食材放在米饭上做成寿司。

可是为什么寿司里要放芥末呢?
对，还要放美味的蛋黄酱。

芥末是芥菜类的食物，我们一般吃的是有着强烈辣味的根茎部分。

芥末外表不会散发辣味，但是当它被研磨或者是被切成片之后，辣味就会散发出来。
芥末里的辣味有杀菌和去腥的效果，所以一般在食用生鱼片、寿司、海鲜烧烤等海鲜料理时，都会搭配芥末食用。

另外，寿司在接近人体温度（36.5℃）时最美味，所以刚做出来的寿司最美味。
啊！

我也要尝试做做！

·日本传统食物——寿司·

寿司是在加入了醋的饭上放上切成薄片的海鲜、鸡蛋、紫菜等食材的一种食品。吃寿司的时候，应该在生鱼片的那一面沾上酱油和芥末，从鱼味淡的地方开始往鱼味深的地方吃。在吃多种生鱼片寿司时，应该间或吃点醋泡生姜，这样能防止鱼味混淆，从而能够好好地品尝每种生鱼片独特的味道。

果酱是如何制成的？

当当！我们是外星人。
就算不说话，光看外形也知道你是外星人。

时隔许久回到自己的星球感觉很棒。

其实我是因为没钱用了才回来的……
所以我让你省着点花啊。

给家乡朋友的礼物带来了吧?
当然。

我带了好多我喜欢吃的水果。
……

怎么能带水果到这么远的地方来?肯定都坏了。
你给他们这些一定会被骂的!
被泼冷水了……

所以我带来了果酱。
果酱?这不是用水果做的吗?
哨!

都是用水果做的，应该也变质了吧?
不会的。果酱能保存很长时间。

不可能。水果不是因为水分太多而容易变质吗?
但是果酱不会。

那是因为果酱已经把水果中的水分排出了。
没有水分的水果或者是蔬菜，因为微生物无法存活所以能够长时间保存。

这是因为“渗透作用”。当草莓泡在糖里面时，因为糖的浓度更高，所以草莓中的水分会渗出，失去了水分的草莓会变得皱巴巴的，而糖溶解在水中之后量会增多。
渗透作用：为了平衡浓度，水从浓度低的物体向浓度高的物体移动的现象。

哦，砂糖就相当于天然防腐剂啊。
那么让我来尝尝果酱的味道吧!

这个果酱怎么是这个味儿啊? 这是果酱吗，你确定?
我确定啊……

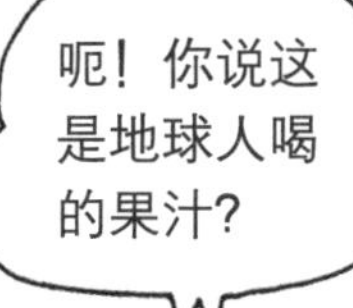

·制造果酱的三剑客！·

水果越熟糖分越高，有利于形成果酱的“有机酸”和“果胶”含量也越多。用糖分、有机酸和果酸这三者的配比越合适的水果所做出来的果酱越美味。一般我们会用苹果、葡萄、草莓、杏、橘子、桃子和香蕉等水果制作果酱。

烤肉为什么看着好吃？

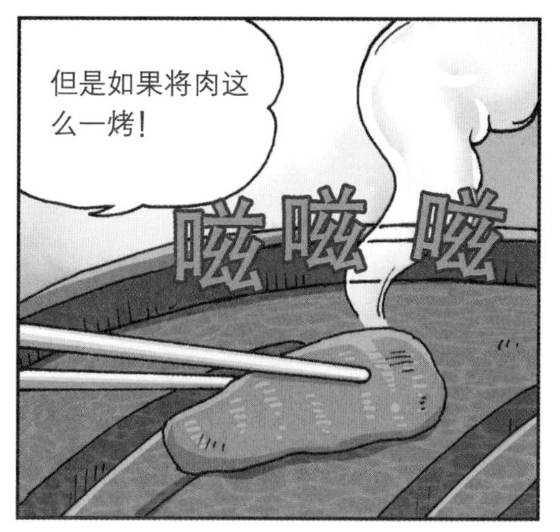
但是如果将肉这么一烤！
嗞嗞嗞

好香啊！
嗯~嗯

好奇怪啊。当肉是生的时候，颜色是红色的。而当肉被放在火上烤的时候，不仅颜色会变成褐色，还会散发出一种香味。
嗞
嗞
有很多食材煮熟了之后都会变成褐色。

对。面粉还是面团的时候是白色的，一旦被烤熟，就会变成黄澄澄的褐色。
这是为什么呢？

这些都是因为“美拉德反应”。
美拉什么？这又是什么反应？

美拉德反应又称“褐变反应”，指的是肉类中的蛋白质和糖在受热后变成褐色的现象。
发现这个反应的人叫作美拉德，所以它又称“美拉德反应”。

有很多褐色的色素也是通过美拉德反应制造出来的。如果能在面包、饼干、咖啡豆等食材上很好地运用这个反应，就能使食物变得更加美味。

豆酱和盐混合后形成酱油的过程也有美拉德反应，就是因为这个反应，酱油的颜色才会呈黑褐色。
盐
美拉德反应

肉和面包的香味其实也不是他们本身蛋白质的香味，而是因为美拉德反应使得香味变得更加丰富。
哦！

那么我身上现在也有美拉德反应呢。
哦？

·黄澄澄的美拉德反应·

食物如果发生了美拉德反应，食物中所含的蛋白质分子就会变得更小更多元化，从而产生一种香喷喷的气味。肉类容易在130℃～200℃之间产生美拉德反应。然而，如果用水煮肉的话，因为水的沸点只有100℃，所以美拉德反应较弱，味道和香气也会相对较小。

16 Quiz

鸡翅为什么看起来很弹滑?

* 明胶：将从动物骨头和皮肤中获得的蛋白质，用热水煮沸后得到的果冻状凝结物。

·营养满分的鸡肉·

鸡肉因为其清淡的味道和简单的料理方法而受到全世界人们的青睐。其所含的蛋白质比牛肉多，而且热量更低，鸡肉作为减肥食品很受大家的欢迎。尤其在韩国，夏季韩国人经常食用参鸡汤，将其当作滋补食品，因为他们认为参鸡汤能够使身体变暖，有助于恢复体力。

制作肉类料理时为什么要放酒和水果？

首先是来自法国的选手。您现在往锅里倒什么?
我倒入了50年的葡萄酒。

那么德国选手放了什么呢?
我倒入了啤酒。

等等!这是犯规!
?

在肉类料理中倒入酒类，这不是成心想让评审委员喝醉吗?
哐当

我是为了使肉类特有的味道减弱，使肉质更嫩!
倒入酒类之后肉味会没有吗?

肉类食品里面有一种特别的腥味。
而且肉类本身在死后僵直的情况下就会出现僵硬的状态。

在制作肉类料理的时候如果加入了酒的话，因为酒中的酒精可以分解蛋白质，
所以能够消除肉腥味，使肉质变软。
原来是这样！

要去除肉腥味的话可以加入啤酒和红酒，要想肉质变软的话，则应该加入菠萝、梨、洋葱等。
와인
红酒 洋葱末

哦！原来是用这样的方法使肉质变软的啊！
那么你是用什么样的方法使肉质变软的啊？

我是用韩国传统的方法……
嗯，韩国传统的方法是放入梨或萝卜，以及洋葱等食材。

·去除不同肉类膻味的方法·

牛肉：用清酒或红酒浸泡，煮的时候加入胡椒、花椒、陈皮、大蒜和生姜等。

猪肉：用生姜汁或洋葱汁浸泡，将肉放入有大酱的水中煮，最好再将肉和洋葱等混炒。

鸡肉：用洋葱汁、柠檬汁、牛奶或者是白葡萄酒浸泡 30 分钟以上即可。

糖会因温度而变化吗？

糖果

是我们的邻居金先生。金先生！
大叔，您这是去哪儿啊？

如果大家知道我的真实身份的话，应该都会被吓到吧？

着火了！
是时候告诉大家我真实的身份了。

正义的勇士，变身超人！
咻

喂！金先生！您去那儿干吗？
哎呀！
金先生您换了一套衣服啊？

要变身的话，至少应该像糖果一样啊。
糖果也会变身？
你是住在我家后面的坦坦？

当然。糖可以变身成为砂糖、焦糖、清凉饮料等，它的变化是无穷无尽的。

不是，这些全都是糖？
本来砂糖就是由甘蔗变来的。
饮料

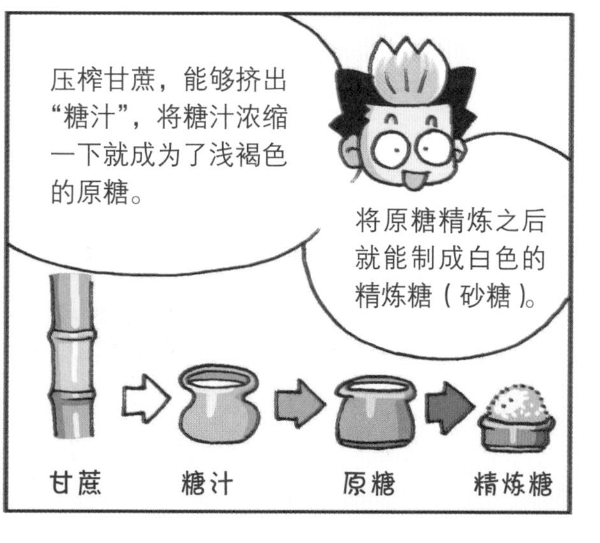
压榨甘蔗，能够挤出“糖汁”，将糖汁浓缩一下就成为了浅褐色的原糖。
将原糖精炼之后就能制成白色的精炼糖（砂糖）。
甘蔗
糖汁
原糖
精炼糖

你说砂糖还能被制成这么多种不一样的形态呀?
当然。将砂糖煮开，或者在砂糖内加入不一样的添加物，就能制造出多种零食。

砂糖可以因为不一样的温度或者是不一样的添加物能变成多种样子。
棉花糖：在砂糖内放入明胶等物质后煮沸至 121℃ ~ 129℃。
糖果：将砂糖煮沸至 160℃。
焦糖：在砂糖内放入水、奶油等材料煮至 170℃后形成焦糖浆，焦糖浆冷却凝固之后变成焦糖。

这才叫变身呢。
什么？！

随着温度的变化而变身?
呃啊，燃烧吧！
哗
哗

·历史悠久的砂糖·

砂糖的历史比想象中的要久远。有记载，公元前327年，亚历山大国王派遣远征军远征印度，当时的司令发现那里的人们不是从蜜蜂，而是从植物的根茎上提取蜜汁时非常震惊。还有学者推测，早在公元前2000年，印度人就开始栽培甘蔗了。

糖醋肉为什么要勾芡？

啊，热腾腾！

耶！是我喜欢吃的糖醋肉！
哇！肯定很好吃。

在变凉之前要赶紧吃啊。
等等！这盘糖醋肉已经勾芡了，可以放心吃了。

勾芡酱料中的淀粉会形成一张薄薄的网，阻隔热量的排出。
所以不用吃得这么慌忙。

那也得赶紧吃啊。

·中国料理的点睛之笔：淀粉·

油分很多的中国菜肴经常在最后一个步骤淋上水淀粉。将土豆、玉米、红薯、大米、绿豆等食材研磨之后使其沉淀，将沉淀物晒干成粉，这个粉就是淀粉。在菜肴上淋上水淀粉能够使食物看起来更润泽，口感变得柔和，同时形成一层皮膜（类似于皮肤的一层薄膜），阻止食物迅速变凉。

虾子熟了之后为什么会变红？

菜来了！
这不是我给你的食材啊。

你换了食材吧？
没有啊……

看！我给你的虾明明是灰色的，可你做好的却是红色的。
哐
那是因为虾子熟了才这样啊！

难道不是因为害羞而变红的吗？
这就更不是了。

虾子或者是螃蟹等甲壳类食物，含有一种叫作“虾青素”的红色色素。它来自于红外线，有利于保护身体。

虾青素属于一种色素蛋白质，一旦接触到热量之后，蛋白质就会发生变化，从而显现出红色。
虾或者是螃蟹在烧烤之后变红还能有效激发人们的食欲。

那么既然颜色变了，那是不是成分也会变呢?
那倒不是。

仅仅是因为虾青素的原因才变色的，营养成分是绝对不会发生改变的。

由甲壳类动物外壳中的甲壳素加工而成的甲壳质被用于多种用途。
它经常被用于保健品或者是化妆品的原料，能够有效去除被辐射的污染物质。
甲壳质

经常听人提起甲壳质，原来它对身体有这么多好处呢。

·对身体有益的虾青素·

虾青素的抗氧化能力比维生素E高1000倍以上。抗氧化是阻止东西氧化的意思，抗氧化成分能够有效预防心脑疾病等多种成人病。所以虾青素经常被用作保健品和化妆品的原材料。

奇特料理的科学实验

用食材可以做有新奇有趣的科学实验。直接做奇特料理的科学实验，可以明白为什么会产生各种现象的原因和科学原理。

区别生鸡蛋和熟鸡蛋

想要不敲碎外壳就能找出生鸡蛋，只需要转动鸡蛋后，用手指稍微碰一下其中一个就能分辨。如果不旋转直接停止的鸡蛋则是熟鸡蛋，转几圈之后再停止的则是生鸡蛋。因为生鸡蛋内的液体有继续转动的惯性，所以会继续转几圈再停止。

三明治和地表是非常相似的兄弟

根据面包、生菜、芝士、火腿等顺序，将食材累积到一起，做一个三明治吧。你会发现三明治的样子和地表结构非常相似。通过制作三明治，我们还能理解地表形成的过程。

碳酸饮料和食盐的火辣碰撞

往碳酸饮料中加入一勺盐会发生什么？碳酸饮料中的二氧化碳和盐反应之后会产生大量的气泡流出。

弹弹的面团

想试着在高筋面粉中放入少许水后和面试试。面粉中的面筋在遇水之后会具有弹性。面团越拉越长有弹性的原因就是因为其中的面筋。

制作超简单的猕猴桃汁

往猕猴桃上撒上糖，静置一小时后会发现，猕猴桃产生了很多果汁。这是因为渗透作用，使得猕猴桃内的水分往浓度高的糖移动的原因。然后再拌入水，就成了美味的猕猴桃汁啦。

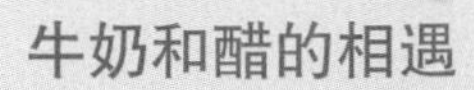

牛奶和醋的相遇

将牛奶倒入锅中用小火煮热。搅拌至牛奶均匀受热之后，加入三勺醋，让牛奶静置冷却。然后，用纱布将水过滤后留下残渣，静置 3 ~ 4 天后便制成了芝士。这种芝士叫作“茅屋芝士”，醋也可以用柠檬汁替代。

豆腐脑
呼噜噜

3
令人好奇的
饮食常识

最早的快餐是什么？

呼噜噜

哇！是休息所！
出发之前我们先简单地吃点吧？

那么我们就吃点能够快速吃到的快餐吧。
要不我们去吃快餐的始祖泡面如何？

还有比泡面更早出现的快餐呢。
什么？那是什么？

泡面不是面条的一种吗？面条的历史可比泡面久远多了。
是吗？

泡面自1958年日本人发明之后被列为快捷食品的一种，受到人们的喜爱。
但是日本在那之前就有挂面、乌冬面、荞麦面等简便的面条食品。

这么说来面条是日本人发明的食物咯?
实际上，面条的兴起早在中国的宋代（公元960-1279年）就开始了。

在中国唐代，一到晚上就会关闭护城的城门，但宋代却不会。

这使得人际往来增多，于是当时就出现了许多能够简单就餐的面店。这样的面店在当时的日本也广为流行。

但是，人类最初的面条诞生于美索不达米亚文明中，然后通过丝绸之路传入中国。

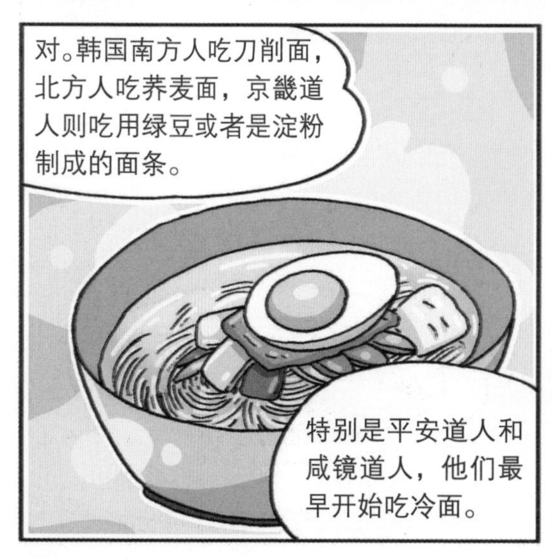

*使臣：受皇帝或者是国家之命，被派遣到别国工作的大臣。

·简单方便的面条料理·

喜欢食用面条的地区有以中国为代表的亚洲和中东、意大利等。如今我们食用的面条是从中国兴起，传播至日本后以更加快速便捷的料理方法出现，后来还有了泡面。面条因为简单的制作和料理方法成为了代表性的大众食品。

为什么喝完碳酸饮料后会打嗝?

实际上我刚刚喝了这个。
这不是汽水嘛。
嗖
汽水

我就知道。你这是在炫耀你喝了汽水吧！
都说了不是在炫耀了！

我打嗝的原因是因为这里面所含的二氧化碳。
二氧化碳？是如何将看不见的气体注入到罐子里去的呢？
汽水

二氧化碳在低温下可以通过高压溶解在水中。
溶解了二氧化碳的水就叫作碳酸水。

碳酸饮料就是在碳酸水中加入糖和香料的饮料。
嘁
嘁
汽水
那为什么打开汽水的时候会有声音呢？

这是因为溶解在水中的二氧化碳接触到温暖的空气，再次变成气体一股脑儿往外喷的原因。
沙！
沙！
出去吧！
出去吧！

喝碳酸饮料会打嗝也是因为溶解在水中的二氧化碳进入到胃里变成气体，然后再排出到体外的原因。
嗝嗝
出去吧！

人们喝碳酸饮料时嘴巴里会有麻麻的爽快感，也是因为二氧化碳在变成气体时刺激口腔的缘故。
咔！
就是要这个爽快感！

总之，我打嗝也是没有办法，你要理解啦。
确实没办法，我理解。

·二氧化碳的大逃亡——嗝·

我们在吸气的时候会吸入氧气，在呼气的时候会呼出二氧化碳。嗝是因为胃中无法消化的食物所产生的二氧化碳喷涌而出所形成的。在饮用了碳酸饮料之后会打嗝，是因为我们一次性摄入了太多的二氧化碳。

韩国的传统小吃是什么？

高价餐馆
500两

据说金大叔今天会在这里约会！
是吗？我们去看看热闹吧。

哦！在那里！金大叔又变装了。
不知道大叔有没有失误呢。

时隔好久外出用餐，感觉不错。
嗯……

餐后点心吃什么呢?

我想吃香草冰激凌。
我……

那我就简单的来个……

锅巴汤好了。
嗖
喽
锅……锅巴汤!

大叔! 这种场合怎么能点锅巴汤呢!
锅巴汤怎么了?

锅巴汤是用糊在锅底的
锅巴熬的汤，是韩国的
传统饮料之一。

为什么要吃
锅巴汤啊?
因为锅巴汤的米香
味能够有效去除咸
辣食物的味道。

喝锅巴汤有什
么好处呢?
让肠道变得
更结实吧!
锅巴汤有利于消化。
大米中含有的碳水化
合物中，有一种叫作
“糊清”的成分，这种
成分能够强健肠道机
能，帮助消化。

此外，大米胚芽中含有
一种叫作“γ－氨基丁酸”
的成分，能够安抚神经，
还能够分解脂肪，起到减
肥的效果。

那么我也要
喝锅巴汤。
这里来两碗
锅巴汤。

·饱含祖先智慧的锅巴汤·

在食品匮乏的时期，韩国人将黏在饭锅上的锅巴泡上水，稍微煮熟了吃。**锅巴汤**既可以用来漱口，还对消化有帮助。在不浪费粮食的同时还能有利于健康，传统小吃锅巴汤里饱含了祖先的智慧。

有比幽灵辣椒更辣的辣椒吗？

青阳辣椒的辣度才4000 ~ 12000个史高维尔左右嘛!
史高维尔?那是什么?

史高维尔就是测定辣椒类食物辣度的单位。

辣味的主要成分是辣椒素，史高维尔的值代表着辣椒素的含量。
也就是说，史高维尔的指数越高，辛辣程度越高。

那12000个史高维尔的话，不是很辣吗?
你有听说过一种叫作“老鼠屎辣椒”的泰国“phirik khi nu”辣椒吗?

“phirik khi nu”辣椒的辣度高达5万 ~ 10万个史高维尔。
那岂不是比青阳辣椒的辣度高近10倍吗?

现在惊讶还太早。
还有比这个更辣的辣椒？

只要想想就很辣！
2007 年作为世界上最辣的辣椒被记载在吉尼斯世界记录中的印度“Bhut Jolokia”辣椒，它的辣度高达 100 万个史高维尔。

呃！是青阳辣椒的 100 倍！
嗯。青阳辣椒和它是不可比的。

吃了这个辣椒之后会有一种灵魂出窍的感觉，所以大家都称它为“幽灵辣椒”。
好辣！

不过，据说最近有人发现了比它还要辣的辣椒。
真的吗？

这个下次再告诉您。话说您知道印度军人一般用“Bhut Jolokia”辣椒来干吗吗？
嗯……用来干吗？
嗖

·刷新纪录的NAGA VIPER辣椒·

2011年2月，由英国栽培的"Naga Viper"辣椒以其134万个史高维尔的辣度挤掉了之前的第一名，印度的"Bhut Jolokia"辣椒，刷新了吉尼斯纪录。据说食用了这种辣椒之后，舌头会有烧伤的感觉，喉咙也感觉被烧着一样，而且还会不断地流鼻涕。

皇上吃过炒年糕吗？

炒年糕很美味呢。

肚子饿了，我们去吃炒年糕吧？
好啊！

嗯！超好吃。我最喜欢吃炒年糕了。

你应该庆幸你生在这个时代。如果你出生在古时候，估计就吃不着炒年糕了吧？
为什么，以前难道没有炒年糕吗？

朝鲜时期，年糕是非常珍贵的食物。
什么，真的假的？现在超市里到处都有卖啊。

因为以前的大米很贵，所以就连王公贵族们也只有在宴会上才能吃到年糕。
以前哪会有超市啊？

以前的人们不吃炒年糕，而是吃年糕汤，年糕汤还是以前皇上吃的御膳菜肴呢。
皇上？

当时的炒年糕是用条形打糕，酱油，肉，蘑菇和萝卜等混合炒制的。

嗯！好美味！
现在的辣炒年糕是在 1953 年被开发出来的。

你知道条形打糕为什么要叫作条形打糕吗?
当然知道!

因为瘀……
堵
不是!

条形打糕寓意着没有变故，幸福长寿的意思，所以人们用米粉将打糕制成长长的条形形状。
嚼嚼
以前，人们还希望自己变成富人，所以还会将条形打糕切成铜钱形状，制成年糕汤。

之所以要叫作条形年糕，是因为它的形状和古时候房屋的横梁相似。
横梁

总之，这是皇上曾经吃过的食物，突然觉得我也有一种成为皇帝的感觉呢。
哈哈!

·韩国的代表小吃——炒年糕·

辣炒年糕于1953年发明。之前的炒年糕是用酱油炒制的，不辣。朝鲜时代的宫廷炒年糕还加入了牛肉、蔬菜等，是一道营养价值高的菜肴。如今的炒年糕为了迎合各国人民的口味，被开发成多种味道，受到世界人民的喜爱。

有可以吃的霉菌吗?

坦坦啊，我给你出个谜语吧。
好啊！

可以吃的霉菌是什么?
可以吃的霉菌? 我不知道呢。

答案是蘑菇。
蘑菇怎么是霉菌呢? 明明是蔬菜嘛！

蘑菇其实属于霉菌中的一种菌类。它生长在潮湿的环境中，是由菌丝聚集而成的。

原来如此。这么说的话，那还真出大事了?
怎么了?

·对健康有益的蘑菇·

蘑菇属于霉菌中的一种菌类。因为蘑菇不含叶绿素，所以无法形成光合作用。菌丝们在温度和湿度高的地方会形成一股隆起的骨朵，这就是蘑菇。蘑菇含有丰富的食用纤维和维生素，和肉类一起食用的话，能够降低胆固醇。

哪一种水果闻起来像大便？

我为您带来了一种很珍贵的水果。
又是水果?

这可不是一般的水果，而是水果之王!
哦，是吗?那我倒是要尝尝看。

哎呀!好扎人!这是什么啊?你怎么拿了一颗仙人掌?
这是一种叫作榴梿的水果。

虽然通体布满了刺，但据说这种水果会越吃越上瘾。
这样。水果之王应该这样。

但是，其实我刚刚就一直想问你……
?

你拉屎了吗?
没有啊。

那怎么会有一股大便味?
那是榴梿散发出来的味道。

因为榴梿的气味太刺鼻，所以据说在东南亚地区，榴梿是不能被带入到公共场所的。
一股
一股
这么臭还吃它干吗?

榴梿只是外皮有臭味，外皮里面的果肉其实很香甜好吃。

也是……既然我是动物之王，这点臭味还是要忍住的。

·味道和营养满满的榴梿·

有着水果之王之称的**榴梿**拥有一股大便般的气味。据说在热带雨林中，一个熟透榴梿的气味能够扩散至方圆 1 公里。但是，剥去榴梿的外壳，我们可以看到黄灿灿软绵绵的果肉，榴梿就是因为其美味的果肉而受到大家的喜爱。榴梿主要由碳水化合物以及蛋白质组成，含有丰富的维生素 C 和维生素 A。

为什么看见酸的食物会流口水？

你都没吃还说酸呢?
光看着就想要流口水呢。

生物学家巴普洛夫曾经做过一次实验，每当他给小狗喂食后，都摇响铃铛。
一段时间之后，只要他摇响铃铛，小狗就会出现流口水的反应。
当啷
当啷
又要给我好吃的了吗?
嘿
嘿

这叫作条件反射。

条件反射就是对经历过的行为或者是刺激做出无意识的反应。

那么我为什么会想流口水呢?
都说了是条件反射嘛!

舌头里面分布着唾腺，只要有食物进入口中，唾腺就会分泌唾液。
然而，没有吃食物，只是看到或想到食物就想流口水，

则是因为人们的大脑回忆起了食物的味道和气味，刺激了唾腺。
哦！

还是没太明白啊。
什么？
倒地

好难懂啊。你再说得容易点。

咦？看！你老师在那儿！
嗖地转身

你让我说得再明白点。嗯……

·巴普洛夫的条件反射实验·

通过食物的味道和气味的刺激，使得舌头上的唾腺反射性地分泌唾液的反应就叫作条件反射。唾液有着保护口腔（嘴唇内到喉咙之间的空间）健康的重要作用，帮助食物的消化。“巴甫洛夫的狗”实验因为发现了条件反射作用而广为人知。

巧克力曾经被当成货币使用？

豆？类似于咖啡
豆一样的豆子？
那个很苦啊。
2月14
14
对。可可豆经
过加工可以制
成可可脂和可
可粉。

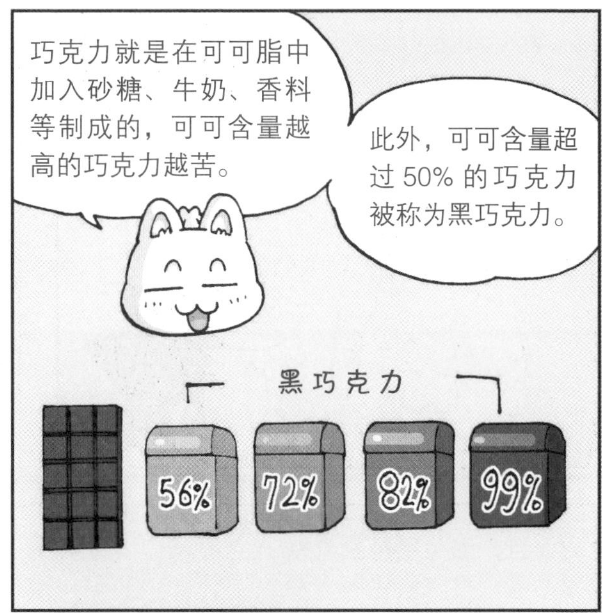
巧克力就是在可可脂中
加入砂糖、牛奶、香料
等制成的，可可含量越
高的巧克力越苦。
此外，可可含量超
过 50% 的巧克力
被称为黑巧克力。
黑巧克力
56%
72%
82%
99%

那么白色的巧克
力是什么？
白巧克力含
有大约 20%
的可可。

巧克力中含有一种叫
作“多酚”的成分，
对身体很
有好处。
多酚可以帮助抑制胆固
醇的活动，提高心脏机
能，预防皮肤老化。
含多酚
巧克力

另外，巧克力中还含有可可碱，能够安抚神经，提高注意力。
所以大家都送巧克力给考试的哥哥姐姐们啊。

玛雅人将巧克力作为增强体力的药物，用于患者治疗或者是神圣的仪式中。
好有力啊！
跳起

而且，因为可可豆价格昂贵，古时候还有人用可可豆来购买货物或者家禽。
用可可豆换一头羊。
太便宜了……
咩

好啊。那我也要赶紧做巧克力！
制作方法

等等！情人节不是女生给男生巧克力嘛，你做巧克力干吗？

·巧克力被制成之前·

巧克力是由炒过的可可豆所碾成的可可浆制成的。巧克力之所以呈深褐色，就是因为可可浆的颜色是深褐色。将可可浆中的油提炼加工成为可可脂，剩下的残渣经过研磨处理之后制成可可粉末，即可可粉。巧克力就是在可可脂中加入牛奶、砂糖和香料等成分制成的食物。

豆子是怎么变身的？

豆腐脑

卖豆腐咯！
对了，妈妈让我买块豆腐呢。
豆腐
豆腐
豆腐
豆腐
豆腐

怎么豆腐还有这么多种类？

根据豆子的加热时间和凝固方法的不同，豆腐分为很多种类。

* 卤水：天然盐中含有的咸苦味的水。天然豆腐凝固剂。

将凝结起来的物质按压后挤出水分，就是我们常吃的豆腐了。为了使之成形，我们一般会将其放入四方形的模具中。
嫩豆腐是当豆浆凝固时，将保留了一半水分的凝固豆浆灌装至袋中凝结的豆腐。嫩豆腐是普通的豆腐和豆腐脑的中间形态。
豆腐脑
普通豆腐

原来如此。那么豆腐脑是怎么制成的呢?

在豆浆中加入卤水后会形成一团一团的凝结物，这种凝结物就是豆腐脑。
放入乌冬面中的，还有制作豆腐寿司的油豆腐则是用豆腐炸制而成的。

豆腐中含有丰富的蛋白质，有利于大脑发育。
你要买哪种豆腐啊?

妈妈让我买哪种来着?

·健康食品——豆腐·

豆子被称为“地里的肉”，含有丰富的蛋白质。用豆子制成的**豆腐**含有丰富的人体所必需的氨基酸、卵磷脂以及钙质，有利于大脑发育，而且能防止胆固醇在体内堆积，是一种能够强健骨骼的健康食品。

热带水果为什么特别甜？

热带地区的水果更甜更好吃。
那是当然。

为什么？
植物主要是通过光合作用形成葡萄糖。

热带植物受热更多，所以合成的葡萄糖也更多，所以热带水果更甜。

就算是这样也不能如此啊。
什么不能如此？

·讨厌冰箱的热带水果·

一般水果保存在冰箱内冷藏后，能够提高水果的甜度。水果的甜味主要是靠其中的葡萄糖和果糖，温度越低甜味越强。但是，如果将香蕉、芒果、菠萝等热带水果放入冰箱保存的话，反而会降低水果甜度。这是因为热带水果已经适应热带的生长环境，不会因为温度的变化而变化。

从前不是人人都能喝到牛奶？

像你这样在朝鲜时代是要被流放的。
流放？就是古时候罪人们被放逐到孤岛上的那种刑罚吗？

不可思议！喝了一瓶牛奶就要被流放？
原来你还不知道啊。

古时候牛奶是很珍贵的。当时的牛奶不是从奶牛身上挤的，而是从生小牛的母牛身上挤出来供奉给皇帝的。
哞

就算是这样，也不能因为喝了一口牛奶就被治罪啊？
那是因为当时的牛奶特别珍贵啊。古时候牛奶被称作“驼酪”。
驼酪
（骆驼的驼）（牛乳的酪）
驼酪：动物的乳汁

牛奶中富含钙质，维生素B_2以及蛋白质，对身体有益。所以皇帝会在天气变凉的时候食用牛奶和米粉一起煮的驼酪粥。

如果大臣们喝了皇帝喝的驼酪粥就会被流放。而皇帝喜爱的大臣们，则有机会喝皇帝喝剩下的驼酪粥。
啧！看来真的是非常珍贵的食物呢！

嗯。朝鲜时代还有一个叫作“驼酪色”的机构，专门管理牛奶。
驼酪色
居然还有专门机构！

牛奶不仅味道香甜，而且营养价值丰富，对于儿童来说是最好不过的食品。
乡村牛奶

原来牛奶在以前真的是很珍贵的食物啊。我曾经因为讨厌喝牛奶，直接扔掉呢……
所以让你珍惜牛奶啊。

话说回来你要怎么还我牛奶？我说怎么每天牛奶都不见，都是你喝掉的吧？
才不是呢！你怎么能这么怀疑朋友！

·营养价值丰富的牛奶·

古时候，皇上在入冬之前会喝**牛奶**补充体力，这说明牛奶的营养非常丰富。牛奶中含有丰富的酪蛋白、钙质以及维生素B_2，有利于强健骨骼和牙齿，能够帮助儿童生长发育和预防成人骨质疏松症（钙质流失导致骨骼内中空疏松的症状）。

为什么油和水不能融合？

我们不能
混合在一起！

今天我们来做做酥脆的油炸食品吧？

我们放一点用水洗净的蔬菜吧？
不行！

怎么能将带有水分的东西放入滚烫的热油中呢？
那也不至于发火吧……

热油中如果
有水的话会
爆炸的！
爆炸？

是啊！水和油会像爆
炸一样往锅外溅，如
果接触到软弱的皮肤
是非常危险的。

水突然掉入沸腾的油
中，由于水比油要重，
所以水珠会下沉。
下沉的水珠因为油滚烫的温
度，会瞬间蒸发成为水蒸气，
从而体积变大。锅内体积变大
的水珠会和油一起向外喷溅，
然后蒸发。
砰
砰

虽然喷溅程度根据油量和
水量的不同而不同，但是
如果严重的话，情形就会
像炸药爆炸一样。
真的啊？

所以在处理热油的时候要时刻注意。
对不起！

这么看来油和水是完全相克*的啊。

油和水都不能融合在一起呢。
对。这是因为两者的密度，也就是说两者的密实程度不一样。

密度低的物质会浮在密度高的物质的上面。
所以在烤肉的时候油会浮上来。
低密度→
高密度→
油
水

总之，就是因为无知的你差点酿成大祸。
我知道了，你别说了！
你俩就像是水和油一样啊。

＊相克：相互排斥，相互冲突。

·烤肉时如果滴了水·

烤肉时如果在油上滴了水的话，水和油就会像爆炸一样飞溅出来。因为水比油重所以水会下沉，下沉的水因为油的高温，会瞬间蒸发成为水蒸气，从而体积变大。这时，体积变大的水珠会和周围的油一起向外喷溅，然后蒸发。因此，在用油料理食物时要多加小心。

压缩饼干里面为什么会有星星糖？

太小气了，你居然一个人吃压缩饼干！
对不起。因为我也只有一点点。一起吃吧。

这次就放过你啦。
我的压缩饼干。

你怎么专挑星星糖吃啊？
因为我喜欢吃星星糖啊。

我也喜欢吃！
你就吃压缩饼干吧。

光吃压缩饼干嗓子好干啊。

压缩饼干里面不是无缘无故地装入星星糖的……
难道说还有原因？
嗓子干！
咳
咳

这是因为甜的星星糖会一直刺激唾腺，产生更多的唾液。
咳
咳
干
干

你知道为什么压缩饼干是军人叔叔的零食吗？
这也有理由？

压缩饼干是将加入了多种营养成分的饼干干燥而成的，可以长时间保存。而且因为它便携、轻巧，所以在应急场合被当作主食。
压缩饼干
虽然现在有很多种食物，但是因为以前并没有很多甜食，所以加入了星星糖的压缩饼干人气很旺。

星星糖和压缩饼干简直就是黄金搭档啊。
是啊。

可是为什么山庄这么远？
按道理应该到了啊……

·被当作军人粮食的压缩饼干·

压缩饼干因为具有便携，无需烹饪，所含水分少所以能够长时间保存等特点，经常被军人当作干粮。压缩饼干和星星糖一起食用的话，甜的星星糖会一直刺激唾液腺，使得在食用干巴巴的压缩饼干时不需喝太多水。压缩饼干是食物和水供给不充分的战争时期中军人们非常重要的粮食。

厨房用具里藏着的科学
电饭煲
电饭煲加热方式大致可以分为间接加热“热板加热方式”和直接加热“IH 方式”两种。现在人们大部分使用的电饭煲是内部布满电线圈，通过电磁感应使得电饭煲自体加热的“IH 方式”电压力锅。
微波炉
1945 年，一位科学家通过口袋里融化的点心而偶然想到了一个点子制成微波炉。微波炉主要是利用微波将食物内的分子震动的原理将食物加热。
锅
根据料理方式的不同，烹饪时用的锅也不同。用铝打造的白铜锅主要是用来料理需要快速传导热量，快速烹饪的食物。而不锈钢锅更加结实卫生，所以经常用于一般料理。

坛子
坛子是用泥土烧制而成的陶器，其身上有着许多细密的小孔。这些孔能够使空气和湿气进入到坛内，帮助有益菌群很好地活动。坛子从古时候开始就被用来装酱油、大酱、泡菜等食物，起着储藏和发酵的作用。
泡菜冰箱
保管泡菜的冰箱。普通的冰箱因为经常开合，所以温度变化频繁，导致泡菜容易变味。而泡菜冰箱并不是经常打开，可以一直保持有利于泡菜发酵的温度，所以能使得泡菜味道更好，保存时间更长。
密闭容器
密闭容器完全阻隔了空气的流入，阻止了食物变质以及味道的流出。最近，玻璃密闭容器人气很高。